Ayudar a los animales a aprender

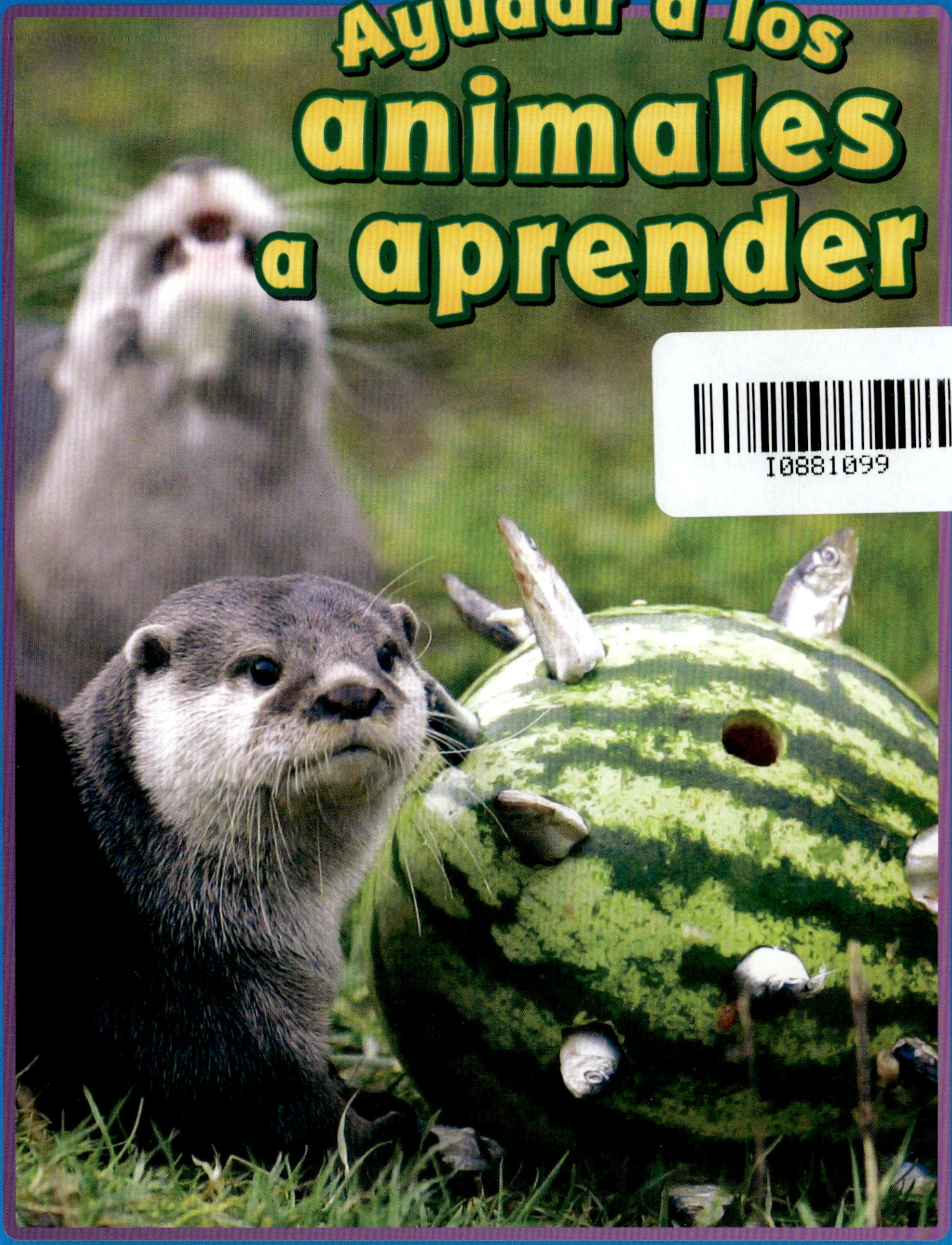

Anne Montgomery

Smithsonian

Asesoras

Jen Zoon
Especialista en comunicación
Oficina de Comunicación
Smithsonian National Zoo

Amy Zoque
Coordinadora y asesora didáctica de CTIM
Escuela Vineyard de CTIM
Distrito Escolar Ontario Montclair

Créditos de publicación

Rachelle Cracchiolo, M.S.Ed., *Editora comercial*
Conni Medina, M.A.Ed., *Redactora jefa*
Diana Kenney, M.A.Ed., NBCT, *Realizadora de la serie*
Emily R. Smith, M.A.Ed., *Directora de contenido*
Véronique Bos, *Directora creativa*
Robin Erickson, *Directora de arte*
Michelle Jovin, M.A., *Editora asociada*
Caroline Gasca, M.S.Ed., *Editora superior*
Mindy Duits, *Diseñadora de la serie*
Lee Aucoin, *Diseñadora gráfica superior*
Walter Mladina, *Investigador de fotografía*
Smithsonian Science Education Center

Créditos de imágenes: portada, pág.1, pág.10 Andrew Milligan/PA Images/Alamy; págs.8–9, págs.16–19 © Smithsonian; pág.11 Home For Heroes/Shutterstock; pág.12, pág.22 © Smithsonian (fotografías de Jennifer Zoon); pág.15 © Smithsonian (fotografía de Pam Jenkins); todas las demás imágenes cortesía de iStock y/o Shutterstock.

Library of Congress Cataloging-in-Publication Data

Names: Montgomery, Anne (Anne Diana), author.
Title: Ayudar a los animales a aprender / Anne Montgomery, Smithsonian Institution.
Other titles: Helping animals learn. Spanish
Description: Huntington Beach, CA : Teacher Crteated Materials, [2020] | Audience: Grades K-1
Identifiers: LCCN 2019038412 | ISBN 9780743925884 (paperback) | ISBN 9780743926034 (ebook)
Subjects: LCSH: Animals--Infancy--Juvenile literature. | Parental behavior in animals--Juvenile literature. | Wildlife reintroduction--Juvenile literature.
Classification: LCC QL763 .M6618 2020 | DDC 591.3/92--dc23

Smithsonian

Teacher Created Materials

5301 Oceanus Drive
Huntington Beach, CA 92649-1030
www.tcmpub.com

ISBN 978-0-7439-2588-4

Printed by: 51497
Printed in: Taiwan

Contenido

Jugar y aprender

Cuando los bebés juegan, aprenden. Aprenden lo que su cuerpo puede hacer. Aprenden a resolver problemas.

Lo mismo sucede con los animales bebé. Los perritos, los gatitos y las nutrias bebé aprenden mientras juegan.

Un bebé juega con un juguete.

Un gatito juega con un juguete.

Maestros

Los padres les enseñan a sus hijos. Les ayudan a aprender lo que necesitan aprender.

Los padres de los animales son los mejores maestros para sus crías. Pero la vida en la **naturaleza** puede ser difícil. A veces, los padres mueren. ¿Cómo aprenden los bebés entonces?

Estos padres le enseñan a caminar a su hija.

Las jirafas padre cuidan a sus crías.

Ayuda humana

Los **cuidadores** ayudan a los animales jóvenes a aprender. Primero, llevan a los bebés a un hogar seguro. Llenan ese espacio con imágenes y sonidos que los bebés encontrarían en la naturaleza.

Una cuidadora trabaja con un cachorro de guepardo.

Ciencias

Dar el ejemplo

Los padres les muestran a los bebés qué hacer y cómo actuar. A eso se le llama *dar el ejemplo*. Los bebés ven lo que hacen los padres. Con el tiempo, copian a sus padres y hacen lo mismo.

Los cuidadores también llenan los espacios donde viven los animales con cosas para hacer. Ayudan a los bebés a aprender a buscar comida. Ponen juguetes que ayudan a los bebés a aprender lo que necesitan saber.

Los cuidadores ponen pescados dentro de esta sandía para las nutrias.

Arte y matemáticas

El diseño importa

¡Hacer juguetes para animales es todo un arte! La manera en que los juguetes se ven y se sienten al tacto es importante. Su forma y su tamaño también son importantes. Así, los animales pueden aprender con ellos.

Historias de ayuda

Los seres humanos pueden encontrar formas divertidas de ayudar a los animales a aprender. Mira estos lobos marinos. Se hicieron dos piscinas gigantes para ellos. Unas **máquinas** de olas hacen que los lobos marinos se sientan como en la naturaleza.

Una cuidadora le da de comer a un lobo marino en una piscina.

Estos lobos marinos nadan sobre las olas en la naturaleza.

Tecnología e ingeniería

Hacer olas

¡Hay máquinas que pueden hacer olas en una piscina! Pueden soplar sobre el agua o empujarla. Otras pueden aspirar el agua y luego soltarla. Estas acciones hacen que se formen olas.

Estos lobos grises viven en el Zoológico Nacional. Su hogar se parece al hogar natural de los lobos. Los lobos trepan a los troncos. También aprenden a esconderse entre las plantas como lo harían en la naturaleza.

lobato gris

Coby y Crystal viven en el Zoológico Nacional Smithsonian.

Los cuidadores se aseguran de que los castores tengan ramas. Los castores las mastican y construyen cosas con ellas. Los padres les muestran a sus crías cómo construir casas con las ramas, igual que en la naturaleza.

Un castor lleva una rama de árbol.

Este castor mastica una planta.

Aprender y crecer

Todos los bebés deben aprender a comportarse. Aprenden jugando y trabajando. Aprenden mirando a los demás.

Las personas pueden ayudar a los animales a aprender y crecer. ¡Y también pueden aprender mucho de los animales!

Una cuidadora revisa a un lobo marino.

Un gorila muestra cómo
sacar comida de una caja.

DESAFÍO DE CTIAM

El problema

Se han dañado unos nidos de ave cerca de tu casa. Por suerte, has estado observando a las aves y sabes cómo construir un nido nuevo. ¿Puedes mostrarles a los polluelos cómo construir un nido?

Los objetivos

- Construye tu modelo con cualquier elemento de la naturaleza que puedas encontrar.
- Construye un nido que pueda sostener un huevo.
- Construye tu modelo para que soporte el peso de una bolsa de 1 kilogramo (2 libras) de arroz sin romperse.

1 Investiga y piensa ideas

¿Qué es dar el ejemplo? ¿Dónde les gusta construir nidos a las aves? ¿Qué cosas hacen que el nido de un ave sea seguro?

2 Diseña y construye

Dibuja tu plan. ¿Cómo funcionará? ¿Qué materiales usarás? ¡Construye tu modelo!

3 Prueba y mejora

Pon una bolsa de 1 kg (2 lb) de arroz en tu modelo. El modelo debe resistir al menos un minuto sin romperse. ¿Tu modelo quedó entero? ¿Puedes mejorarlo? Vuelve a intentarlo.

4 Reflexiona y comparte

¿Por qué las personas deberían ayudar a los animales que han perdido a sus padres? ¿Hay otras formas de ayudar a los animales bebé?

Glosario

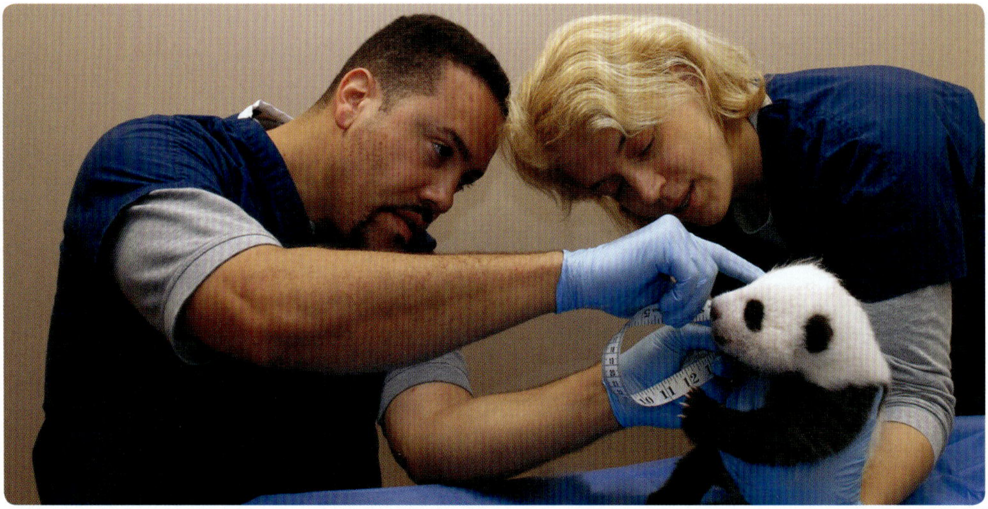

cuidadores

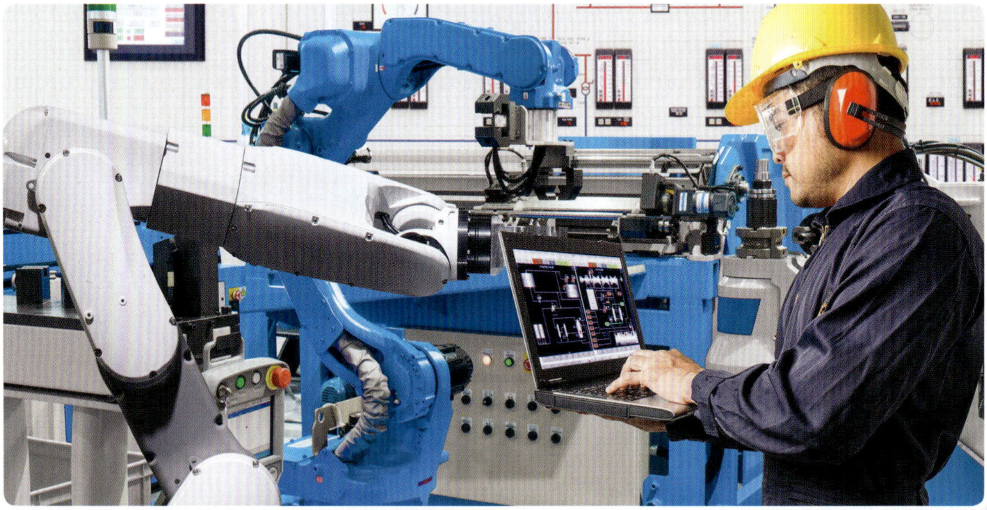

máquinas

naturaleza

Consejos profesionales
del Smithsonian

¿Quieres trabajar con animales?
Estos son algunos consejos para empezar.

"Observa a los animales, en especial en la naturaleza, sin molestarlos. Fíjate cómo se comportan. Así sabrás cómo cuidar bien de ellos". ***—Chris Crowe, cuidador de animales***

"Me interesé en ser cuidadora de animales cuando era niña. Siempre sentí que trabajar con animales era lo que debía hacer en mi vida. Nunca quise hacer otra cosa". ***—Sara Hallager, curadora de aves***